Bibliografische Information der Deutschen Nationalbibliothek:

Die Deutsche Bibliothek verzeichnet diese Publikation in der Deutschen National-
bibliografie; detaillierte bibliografische Daten sind im Internet über http://dnb.d-
nb.de/ abrufbar.

Impressum:

Copyright © 2017 GRIN Verlag
Druck und Bindung: Books on Demand GmbH, Norderstedt Germany
ISBN: 9783668697973

Dieses Buch bei GRIN:

https://www.grin.com/document/424406

Felix Bircher

Fahrerlose Transportsysteme. Investitionsmöglichkeiten für Unternehmen

GRIN Verlag

Private Hochschule Wirtschaft Bern (PHW)
Studium zum BSc of Business Administration FH

Seminararbeit – Wissenschaftliche Arbeit im 6. Semester

Voraussetzungen für zukünftige Investitionen in fahrerlose Transportsysteme

Autor   Felix Bircher

Modul   Seminararbeit

5417 Untersiggenthal, 3. September 2017

I.   Vorwort

Im Rahmen einer Seminararbeit im 6. Semester zum Bachelor of Science FH in Business Administration an der PHW Bern durfte das Thema frei gewählt werden. Das Thema «Fahrerlose Transportsysteme» war für den Autor der vorliegenden Arbeit besonders interessant, weil er in einem industriellen Grosskonzern arbeitet. Dort ist die Digitalisierung und Automatisierung zwar omnipräsent – und doch werden die Waren grösstenteils mit bemannten Gabelstaplern transportiert. Entsprechend könnte neues Wissen bezüglich fahrerlose Transportsysteme bislang unbeachtete Potenziale identifizieren und neue Wege öffnen. Die vorliegende Arbeit wurde im Mai 2017 beauftragt und vier Monate später eingereicht.

II.   Management Summary

Das fahrerlose Transportsystem (FTS) macht innerbetriebliche Warentransporte auf vorhandenen Transportwegen, benötigt dafür keine fix installierten Rollenbahnen und gehört damit zur Gruppe der unstetigen Fördermittel. Die meisten Fördermittel in dieser Gruppe sind nicht automatisiert, dabei ist der Stapler das bekannteste Beispiel. Das FTS befindet sich im Wandel der 4. Epoche und wird zunehmend autonom, dies kann zu intransparent erscheinendem Verhalten und somit zu einer ablehnenden Haltung beim Menschen führen.

Im vorliegenden Bericht werden im Wesentlichen Antworten auf die folgende zentrale Frage zusammengetragen: **Welche Voraussetzungen braucht es für ein Unternehmen, um eine Investition in ein FTS in Betracht ziehen zu können?**

Dabei gilt es, technische und organisatorische Voraussetzungen zu beachten. So werden beispielsweise ein ebener Boden, gute Paletten sowie nicht ständig zugestellte Transportwege vorausgesetzt. Das FTS sollte hauptsächlich im Inneren von Gebäuden operieren, denn Begegnungen mit ungeschulten Menschen wie beispielsweise Kindern stellen eine besondere Herausforderung dar.

Der Preis eines einzelnen fahrerlosen Transportfahrzeugs (FTF) wird auf etwas über 100'000 Euro geschätzt. Im Durchschnitt besteht ein FTS aus 6 FTF-Einheiten und verursacht somit relativ hohe Investitionskosten. Diese relativieren sich jedoch, wenn man das gesamte Materialflusssystem und dessen Optimierungspotenzial beim Einsatz eines FTS betrachtet. Somit wird vorausgesetzt, dass das ganze Materialflusssystem betrachtet wird und dass genügend liquide Mittel vorhanden sind. Da die meisten Unstetigförderer heute nicht automatisiert sind und das FTS nicht als Produkt gekauft werden kann, muss das FTS mithilfe eines komplexen Projekts an sein Umfeld adaptiert werden. Für die Realisierung eines solchen Projekts braucht es einerseits Pioniergeist und anderseits genügend Ressourcen.

III.   Inhaltsverzeichnis

IV. Glossar

Zusammenhang FTS und FTF	Das fahrerlose Transportfahrzeug (FTF) ist eine wichtige Komponente des fahrerlosen Transportsystems (FTS)
Total Cost of Ownership (TCO)	Bei den TCO geht es darum, die gesamten Kosten und beispielsweise nicht nur die Anschaffungskosten zu berücksichtigen
Work in Progress (WIP) = Ware in Arbeit	WIP ist die Bezeichnung für die Menge an Beständen, welche im Produktionsumlauf sind; sowohl die Bestände in direkter Arbeit als auch diejenigen in der Warteschlange.

V. Tabellenverzeichnis

VI. Abbildungsverzeichnis

VII. Abkürzungsverzeichnis

1 Einleitung

1.1 Ausgangslage

1.1.1 Innerbetriebliche Transportsysteme

Gemäss dem Lehrbuchautor und emeritierten Professor Harald Ehrmann besteht die Aufgabe von innerbetrieblichen Transportsystemen aus dem Transportieren von Waren und anderen Objekten innerhalb eines Unternehmens. Die dafür notwendigen Fördermittel werden in die Gruppen Stetigförderer und Unstetigförderer unterteilt.

Stetige Fördermittel wie beispielsweise fix installierte Rollenbahnen sind vor allem bei klar vordefinierten Transportstrecken mit hohem Durchsatz und in der Massenfertigung verbreitet. Dies sind meist starre, automatisierte Installationen (vgl. Ehrmann, 2008, S. 217-220).

1.1.2 Unstetigförderer oft nicht automatisiert

Bei den Stetigförderer ist die Automatisierung ein etablierter Standard, nicht aber bei den Unstetigförderer. Unstetigförderer können ihre Transportrichtung grösstenteils selber bestimmen; sie dienen also dem Transport von Waren über nicht vordefinierte Transportwege. Dabei ist der Stapler das meist verbreitetet Flurförderzeug. Der Stapler existiert in verschiedensten Ausführung (vgl. Ehrmann, 2008, S. 219, 220).

Abbildung 1: Stapler vom Typ Elektro Hubwagen.
Quelle: (Direct Industry, 2017, online).

Daneben existieren auch Flurförderzeuge mit hohem Automatisierungsgrad: Die fahrerlosen Transportsysteme (FTS) (vgl. Ehrmann, 2008, S. 223).

Abbildung 2: Fahrerloses Transportfahrzeug (FTF).
Quelle: (Swisslog AG, 2017, online).

1.1.3 Keine Absicht zur Automatisierung der Transportwege spürbar

Der Autor der vorliegenden Arbeit ist seit 16 Jahren in einem namhaften internationalen Grosskonzern tätig, dies mehrheitlich in Werkstätten und Lagern in der Schweiz. Gemäss seiner Erfahrung sind fahrerlose Transportsysteme nur vereinzelt anzutreffen. Automatisierungsprojekte zielen oft auf einen in sich geschlossenen Verbund von Fertigungszellen oder auf ein in sich geschlossenes Lagersystem ab. Studien oder gar Projekte, welche den Status Quo der manuellen, innerbetrieblichen Transportsysteme hinterfragen und dabei eine Automatisierung anstreben, wurden bis anhin nicht oder nur selten angestossen.

1.2 Problemstellung

Wie in der Ausgangslage beschrieben, existiert mit dem FTS ein automatisierter Unstetigförderer, mit welchem ein automatisiertes innerbetriebliches Transportsystem angestrebt werden kann. Heute wird von dieser Möglichkeit nur selten Gebrauch gemacht. Die folgenden zwei Absätze zeigen aktuelle Probleme auf, welche jedoch sehr wohl Anreiz geben, den Status Quo zu hinterfragen.

1.2.1 Marktdruck fordert Trend hin zum autonomen Transportroboter

Gemäss der Dissertation von Dr. Ing. Peter Tenerowicz-Wirth an der Technischen Universität München globalisieren sich die Beschaffungsmärkte immer mehr. Gekoppelt mit zunehmender Variantenvielfalt, kleineren Losgrössen und kürzer werdenden Innovationszyklen fordert dies zunehmend flexible Logistiksysteme. Starre Einrichtungen wie beispielsweise Rollen- oder Kranbahnen decken die geforderte Flexibilität zunehmend nicht mehr ab. Somit gewinnt die Gestaltung von Materialflusssystemen, welche sich schnell an ändernde Rahmenbedingungen anpassen, an Bedeutung (vgl. Tenerowicz-Wirth, 2012).

1.2.2 Materialflusskosten beeinflussen Selbstkosten

Die Autoren Wolfram Fischer und Lothar Dittrich beschreiben im Buch Materialfluss und Logistik die Relevanz der Materialflusskosten an den Selbstkosten eines Produkts. Die Materialflusskosten beeinflussen somit die Wirtschaftlichkeit und Wettbewerbsfähigkeit eines Unternehmens unmittelbar. Gemäss ihnen setzt sich die Durchlaufzeit der Herstellung eines Produkts ungefähr wie folgt zusammen: (Die Angaben sind als Anhaltspunkte zu verstehen; sie werden von Faktoren wie beispielsweise Branche oder Produkt beeinflusst.)

- 10% Bearbeitungszeit (also wertschöpfend im engeren Sinn)

- 85% Transport-, Lagerung- und Wartezeiten

- 5% Zeit für Kontrollen und Störungen

Da der Materialflussanteil mit 85% Durchlaufzeit zu Buche schlägt, ist bei ihm besonders viel Einsparpotenzial zu erwarten. Denn lange Durchlaufzeiten verursachen in der Regel mehr Ware in Arbeit (WIP) für das Unternehmen und höhere Personalkosten für das Produkt. Viele Betriebe suchen deshalb nach erfolgsversprechenden Wegen zur Optimierung ihrer Förder- und Lagertechnik (vgl. Fischer & Dittrich, 2013, S. 1).

1.3 Zielsetzung

Auf nicht vordefinierten Transportwegen werden Waren innerbetrieblich mehrheitlich von Menschen verschoben, oft mit Hilfe von Staplern. Diesbezügliche Automatisierungen scheinen keine allzu hohe Priorität zu geniessen. Doch durch eine Automatisierung liessen sich die Produktkosten senken. Weiter fordert der Markt zunehmende Flexibilität von den Materialflusssystemen, und dadurch zeigt sich ein Trend hin zum selbstnavigierenden, autonomen Transportroboter.

1.3.1 Zentrale Fragestellung

Was sind konkrete Voraussetzungen, damit eine Investition in ein fahrerloses Transportsystem (FTS) in Betracht gezogen werden kann?

- Gibt es relevante wirtschaftlichen Voraussetzungen?

- Existieren andere relevante Voraussetzungen?

1.3.2 Abgrenzung

Die Erkenntnisse dieser Arbeit dürfen für das Vorantreiben von automatisierten Transportsystemen verwendet werden, es ist jedoch nicht das primäre Ziel dieses Berichts, eine Implementierung anzustossen. Diese Seminararbeit erhebt keinen Anspruch auf Vollständigkeit, vielmehr sollen einzelne relevante Punkte identifiziert und analysiert werden.

2   Methodisches Vorgehen

Die theoretischen Grundlagen in Kapitel 3 beziehen sich auf vorhandene Literatur. Sie umschreiben die logistischen Ziele von innerbetrieblichen Transportsystemen, wie sich das FTS in die Logistikwelt eingliedert und was man sich unter einem FTS vorstellen kann. Dabei wird die Geschichte, Anwendung, der Stand der Technologie sowie speziell die Wirtschaftlichkeit des FTS dargestellt. Abschliessend wird das Zusammenspiel von Mensch und Roboter mit Fokus auf die möglichen Hemmschwellen des Menschen erläutert.

Die praktische Problembehandlung in Kapitel 4 beantwortet die zentrale Fragestellung und nennt konkrete Voraussetzungen, damit eine Investition in ein FTS in Betracht gezogen werden kann. Dabei werden Erkenntnisse aus der Literatur aufgenommen und zu konkreten Voraussetzungen abgeleitet. Neben den technischen Gesichtspunkten ist ein spezielles Augenmerk auf organisatorische sowie wirtschaftliche Aspekte gelegt.

Das Fazit in Kapitel 5 fasst die Erkenntnisse aus der praktischen Problembehandlung zusammen und empfiehlt abschliessend, wie diese von interessierten potenziellen FTS Anwendern weiterverwendet werden können.

3 Theoretische Grundlagen

3.1 Ziele von Transportsystemen und deren Fördermittel

Wie in der Einleitung Kapitel 1 beschrieben und wie von Ehrmann erklärt, haben innerbetriebliche Transportsysteme die Aufgabe, Wege und Räume innerhalb eines Unternehmens zu überwinden. Ausserbetrieblich würde man von Verkehrsmitteln sprechen. Innerbetrieblich bezeichnet man die für den Transport eingesetzten Instrumente als Fördermittel. Bei der Konzipierung der Transportsysteme und deren Fördermittel sind folgende Ziele zu verfolgen (vgl. Ehrmann, 2008, S. 217):

Ziele	Zielinhalte
Optimale Nutzung	– Minimale Transportkosten – Minimale Leerfahrten – Hohe funktionale und zeitliche Auslastung
Hoher Servicegrad	– Kurze Auftragswartezeiten – Niedrige Transportzeiten
Hohe Flexibilität	– Breites Spektrum an Transportgütern – Leichte Anpassung an betriebliche Umstellung
Hohe Transparenz	– Information über die aktuelle Situation – Verursachungsgerechte Kostenverrechnung – Erzeugung von Kennzahlen

Tabelle 1: Ziele von Transportsystemen.
Quelle: Eigene Darstellung gem. (Ehrmann, 2008, S. 217).

3.2 Das fahrerlose Transportsystem

Tenerowicz-Wirth bezeichnet das FTS als ein innerbetriebliches, flurgebundenes Fördersystem mit automatisch gesteuerten fahrerlosen Transportfahrzeugen (FTF), welche die primäre Aufgabe des Materialtransports erfüllen. In der Regel besteht ein FTS aus folgenden Elementen.

– Mehrere FTF

– Leitsteuerungssystem

– Kommunikationseinrichtung (Bsp. W-LAN)

– Navigationssystem

– Sicherheitseinrichtung

– Infrastruktur und äusserliche Einrichtungen (Tenerowicz-Wirth, 2012, S. 15)

3.2.1 Fahrerloses Transportfahrzeug in der Gruppe der Fördermittel

Die Fördermittel werden gemäss Ehrmann systematisch in zwei Gruppen eingeteilt: Die Unstetigförderer und die Stetigförderer. Die Unstetigförderer unterscheiden sich von den Stetigförderer dadurch, dass sie ihre Transportrichtung grösstenteils selber bestimmen. Die Unstetigförderer werden in die Gruppen Hebezeuge und Flurförderzeuge unterteilt. FTF ist die Bezeichnung für das eigentliche Flurförderzeug des FTS; es gehört zu den Flurförderzeugen mit hohem Automatisierungsgrad (vgl. Ehrmann, 2008, S. 217-220).

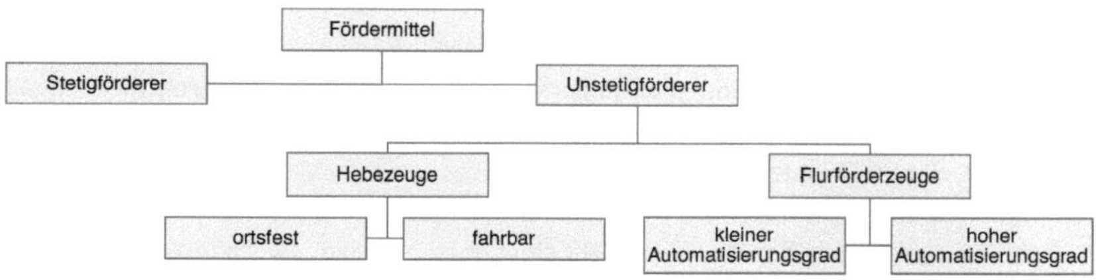

Abbildung 3: Unterteilung der Fördermittel.
Quelle: Eigene Darstellung gem. (Ehrmann, 2008, S. 218, 221).

3.2.2 Geschichtliche Hintergründe in vier Epochen

Günter Ullrich, ein Mitglied des Vereins Deutscher Ingenieure (VDI) und anerkannter Forscher und Lehrbeauftragter rund um das Thema FTS, teilt die Geschichte zu FTS in vier Epochen ein.

Die erste Epoche startete 1953 mit der Erfindung des ersten FTS in Amerika: eine Schleppzug Anwendung für wiederkehrende Sammeltransporte über grosse Strecken. Die Zugmaschine konnte fünf Transportwagen ziehen und war mit einfachen Sensoren ausgerüstet. Die einfache Spurfolgetechnik mithilfe von Magnetfeldern kennen wir heute als induktive Spurführung.

Zeitgleich mit dem Start der 2. Epoche in den 1970er Jahren entstand letztlich das klassische FTS. Die Epoche dauerte bis anfangs 1990 und war geprägt von der Automatisierungseuphorie. Das FTS hat von nun an leistungsstarke Elektronik und Mikroprozessoren, die Batterien laden sich automatisch und die zu transportierenden Materialien können automatisch aufgenommen werden.

Von Mitte der 1990er Jahre bis zirka 2010 dauerte die dritte Epoche. Dabei gab es wesentliche Fortschritte in der Technologie wie auch in den Anwendungsbereichen. Nachfolgend einige Beispiele:

- Fahrzeuge mit erhöhter Geschwindigkeit beim Fahren und Rangieren

- Varianten mit induktiver Energieübertragung

- Navigationsverfahren mit Magnetpunkten, Laser, Transponder und Gebäudenavigation

- Datenübertragung meist per W-LAN (vgl. Ullrich, 2013, S. 1-10)

Ullrich schreibt, dass sich das FTS seit zirka 2010 in seiner 4. Epoche befindet. Es werden einerseits preiswertere und intelligentere Sensorsysteme erwartet, welche Informationen besser verwerten können. Andererseits existiert die Wunschvorstellung der Schwarmintelligenz, dass FTF autonom untereinander und mit anderen Maschinen kommunizieren sollen. Im Idealfall kann sich ein FTF in einer neuen Umgebung ohne grosse Installation zurechtfinden, und es benötigt kein FTS-Leitrechner mehr (vgl. Ullrich, 2013, S. 175-182).

Auch Tenerowicz-Wirth macht den Trend hin zum autonomen FTF deutlich. Gemäss ihm verlangen die von der Globalisierung geprägten Märkte zunehmend Produktindividualisierung und entsprechend wachsende Sortimente. Das steigert die Komplexität und Dynamik der Logistiksysteme. Als Reaktion auf die neuen Rahmenbedingungen zeichnet sich ein Trend hin zu dezentralen, autonomen, sich selbst steuernden FTF ab. Diese navigieren autonom und können dank ihrer Flexibilität und Reaktionsfähigkeit besser auf die zunehmend ungeplanten Ereignisse reagieren (vgl. Tenerowicz-Wirth, 2012, S. 137).

3.2.3   Anwendung des heutigen FTS

Generell kann jedes Stückgut mit einem FTS transportiert werden. Das gilt für Paletten und Behälter genauso wie für Container, Rollen oder Pakete. Deshalb lassen sich auch unterschiedlichste Branchen auf das FTS ein (vgl. Ullrich, 2013, S. 11).

Das Haupteinsatzgebiet des FTS sieht Ullrich jedoch in der Intralogistik respektive in der Organisation, Steuerung, Durchführung und Optimierung der innerbetrieblichen Material- und Informationsflüsse. Das FTS erledigt in der Regel folgende Aufgaben:

- **FTS in Produktion und Dienstleistung:** Handhabung von Gütern im Warenein- und -ausgang, in der Lagerhaltung, Kommissionierung, bei der Übergabe und Bereitstellung.

- **FTS als Organisationsmittel:** Das FTS strukturiert und optimiert Abläufe und Materialflüsse und schafft Ordnung auf Dauer.

- **Taxibetrieb:** Das FTS transportiert Waren von der einen zur anderen Station. Der Startpunkt wird jeweils Quelle, der Endpunkt Senke genannt.

- **Fliesslinienbetrieb und Serienmontage:** Das FTS dient als Haltevorrichtung vom Produkt und begleitet dieses vom ersten bis zum letzten Montageschritt.

- **Lagern und Kommissionieren:** Das FTS unterstützt die Kommissionierung und/oder verwaltet eigenständig ein Blocklager.

- **Ausseneinsatz:** Infolge Wettereinflüssen, Navigation und Personenschutz steht das FTS im Aussenbereich teilweise noch vor ungelösten Herausforderungen (vgl. Ullrich, 2013, S. 17-33).

Tenerowicz-Wirth erkennt die Kernfunktion vom FTS im Tranport eines logistischen Objekts von der Quelle zur Senke, also vom Aufnahme- zum Abladepunkt. Weiter bewertet er die Eignung des FTS für verschiedene intralogistische Funktionen, wie in der folgenden Tabelle abgebildet:

Logistische Funktion	Beschreibung	Eignung
Transportieren / Fördern	Das Fördern bzw. Transportieren von Gütern ab Quelle zum Zielpunkt ist Kernaufgabe der mobilen Transportroboter eines selbststeuernden Fahrzeugkollektivs.	Sehr gut
Verteilen, Zusammenführen	Das Verteilen bzw. Zusammenführen von Waren kann durch eine gerichtete Koordination des Fahrzeugkollektivs abgebildet werden.	Gut
Sequenzieren	Eine Sequenzierung von Gütern kann durch das Überholen einzelner Fahrzeuge erreicht werden.	Gut
Puffern	Puffern wird durch verlangsamte Fahrt oder Anhalten bei Stauungen an Übergabepunkten abgebildet.	Gut
Prüfen	Für den Prozess Prüfen sind die selbststeuernden Fahrzeuge bedingt geeignet, da eine zusätzliche sensorische Ausstattung (z.B. RFID-Antenne, Wiegeeinrichtung) erforderlich ist.	Bedingt
Handhaben	Für den Prozess Handhaben sind die selbststeuernden Fahrzeuge bedingt geeignet, da eine zusätzliche Ausstattung erforderlich ist.	Bedingt
Ein- / Auslagern	Das Ein- und Auslagern von Gütern stellt eine Kombination aus Handhaben und Fördern dar und kann durch Spezialfahrzeuge abgebildet werden.	Schlecht
Lagern	Das Lagern von Gütern zieht eine langfristige Belegung einzelner Fahrzeuge nach sich und kann durch ein selbststeuerndes Fahrzeugkollektiv nicht wirtschaftlich sinnvoll realisiert werden.	Keine Eignung
Kommissionieren	Der Prozess Kommissionieren wird entweder manuell oderdurch spezialisierte Automaten durchgeführt.	Keine Eignung
Verpacken	Der Prozess Verpacken wird entweder manuell oder durch spezialisierte Automaten durchgeführt.	Keine Eignung

Tabelle 2: Bewertung der Eignung vom FTS für verschiedene logistische Funktionen.
Quelle: Eigene Darstellung gem. (Tenerowicz-Wirth, 2012, S. 58, 59).

3.2.4   Stand der Technologie

Der Fahrantrieb und die Lenkung des heutigen FTS funktionieren automatisch und berüh-
rungslos. Das FTS kann Fördergüter ziehen, tragen oder beides in Kombination. Die Last-
aufnahme wird passiv oder aktiv verrichtet (vgl. Ullrich, 2013, S. 105).

Das FTF ist nicht vollständig autonom. Montierte Haltemarken wie beispielsweise Wandre-
flektoren oder Boden-Transponder werden vom FTS ständig gelesen und mit Messungen
der eigenen Lenkung und Radbewegungen abgeglichen. Dadurch kennt das FTS seine
Position (vgl. Ullrich, 2013, S. 107-111).

Als Schnittstellen zwischen der Leitstelle und den FTF ist in der Regel eine W-LAN-Daten-
verbindung nötig. Die Nutzung von Global Positioning System (GPS) ist in der Regel zu
ungenau, respektive ungeeignet. Selbst mit einem «Indoor-GPS» mit stationären Funkba-
ken wird meistens lediglich eine Messgenauigkeit von ±30 cm erreicht (vgl. Ullrich, 2013,
S. 152, 118).

3.3   Wirtschaftlichkeit

3.3.1   Interner Transport verursacht Kosten, aber keine Einnahmen

Ullrich kommt zum Schluss, dass durch die innerbetrieblichen Transporte keine direkten
Einnahmen erwirtschaftet werden. Entsprechend beschränkt sich die Wirtschaftlichkeits-
rechnung auf einen Kostenvergleich der verschiedenen Fördertechnik-Varianten. Die In-
vestitionsrechnung soll auf dem dynamischen Rechenverfahren basieren, da Transportsysteme üblicherweise eine lange Nutzungsdauer und einen hohen Anschaffungswert haben
(vgl. Ullrich, 2005, S. 6).

Gemäss Ehrmann bestehen Transportkosten hauptsächlich aus Personalkosten, Energie-
kosten, Wartungs- und Instandhaltungskosten und Gemeinkosten, also Kostenanteile an
Raum- und Verwaltungskosten (vgl. Ehrmann, 2008, S. 393).

3.3.2   Andere Unstetigförderer im Vergleich zum FTS

Im Vergleich zum FTS sind bei einem manuellen Handhubwagen die Investitions- sowie die
Betriebskosten vernachlässigbar.

Vergleicht man das FTS mit dem Elektro Hubwagen (vgl. Abbildung 1), so sind die Investitionskosten bei einem FTS immer noch höher. Die höheren Investitionskosten, welche beim
FTS anfallen, relativieren sich jedoch später durch die kürzere Lebenszeit und die höheren
Instandhaltungskosten vom Elektro Hubwagen, denn die automatisierte Technik des FTS
hat eine gleichmässigere und schonendere Fahrweise, was unter anderem den Verschleiss
an Reifen, Batterien, Antriebe etc. wesentlich verringert (vgl. Ullrich, 2013, S. 26, 27).

3.4   Hemmschwelle Mensch und Roboter

Tenerowicz-Wirth stellt das autonome Roboterverhalten in den Mittelpunkt. Es kann ungewohnt und intransparent erscheinen und zu einer ablehnenden Haltung führen. Dies gilt für den Anwender, welcher mit dem Roboter kooperiert gleichermassen wie für den Anlagebetreiber. Diese Skepsis wird begrenzt, indem der Roboter nur mit so viel künstlicher Intelligenz ausgestattet wird, wie das vom Menschen akzeptiert werden kann. Andererseits kann die Abneigung auch durch erhöhte Transparenz vom Roboterverhalten abgebaut werden. Durch Massnahmen wie zum Beispiel die Darstellung von wichtigen Entscheiden auf dem Roboterdisplay oder akustische Ankündigungen des nächsten Schritts, kann der Mensch das Roboterverhalten besser nachvollziehen (vgl. Tenerowicz-Wirth, 2012, S. 142).

Ullrich meint, dass die FTS bei den Gabelstaplerfahrern gar als Jobkiller gelten. Deshalb ist es wichtig, lang vor der Einführung über den Sinn und Zweck von FTS zu informieren. Weiter beschreibt er, dass die Zusammenarbeit zwischen FTS und Gabelstaplerfahrer sehr gut funktionieren kann, vorausgesetzt sei jedoch die positive Grundhaltung des Fahrers.

Die FTF werden Mitarbeitenden erfahrungsgemäss sympathischer, sobald sie sie benennen können. Beispielsweise können das Namen von Trickfilmfiguren sein, oder auch die Namen der obersten Chefs etc. (vgl. Ullrich, 2013, S. 172).

4 Praktische Problembearbeitung

Die praktische Problembearbeitung beantwortet die zentrale Fragestellung und zeigt somit konkrete Voraussetzungen auf, womit eine Investition in ein FTS in Betracht gezogen werden kann.

4.1 Organisatorische und technische Voraussetzungen

Aus der aktuellen FTS Technologie können folgende Kriterien als Hindernisse verstanden werden.

- FTS nicht für den Aussenbereich geeinigt

- FTF sind keine People Mover

- FTS im Umfeld von geschultem Personal

- FTS nicht zur Hochpräzisionspositionierung geeignet

- Hindernisse werden nicht autonom umfahren

- Gute Paletten und ebener Boden vorausgesetzt

Um die Investition in ein FTS in Betracht zu ziehen, lassen sich aus den Kriterien konkrete technische und organisatorische Voraussetzungen ableiten.

4.1.1 FTS nicht für den reinen Aussenbereich geeignet

Das Wetter und die Navigation im freien Bereich stellen für die FTS eine besondere Herausforderung dar. Zusätzlich ist die Konzeption des Personenschutzes im Aussenbereich viel komplexer, speziell wenn dabei eine Interaktion mit ungeschulten Verkehrsteilnehmenden oder Personen wie beispielsweise spielenden Kindern möglich ist. Entsprechend sind nur wenige Outdoor-Projekte bekannt. Dies gilt nicht für kurze Strecken innerhalb eines Werkareals, um beispielsweise mehrere Hallen miteinander zu verbinden (vgl. Ullrich, 2013, S. 31, 192). Als Voraussetzung gilt demnach eine werksinterne und hauptsächlich im Indoor-Bereich stattfindende Anwendung.

4.1.2 FTF sind keine People Mover

Es gibt zwar einige Projekte mit fahrerlosen Systemen, bei welchen Menschen transportiert werden (z.B. U-Bahnen). Diese Beispiele sind jedoch per Definition keine FTS und sie befassten sich auch nicht mit den Aufgaben eines FTS (vgl. Ullrich, 2013, S. 17, 100). Damit eine Investition in ein FTS in Betracht gezogen werden kann, sollen es also nicht Menschen, sondern vielmehr Materialien sein, welche es zu transportieren gilt.

4.1.3 FTS im Umfeld von geschultem Personal

Das FTS kann sich die Transportwege mit den Mitarbeitenden und anderen Geräten teilen. Als Voraussetzung muss betrachtet werden, dass ein Mitarbeitender ein erwachsener gesunder Mensch ist, der sich verantwortungsvoll im Betrieb bewegt. Situationen, in welchen das FTS plötzlich Dritten, also Kunden oder anderweitig Unbeteiligten wie beispielsweise neugierigen Kindern oder in Krankenhauslogistiken einem frisch operierten Patienten, begegnen kann, stellen eine grosse Herausforderung dar (vgl. Ullrich, 2013, S. 123, 171-173). Es muss also möglich sein, betriebsfremdes Personal zu schulen oder zu umgehen.

4.1.4 FTS nicht zur Hochpräzisionspositionierung geeignet

Wenn beispielsweise in einer Montagelinie von einem FTS eine hochpräzise Positionierung für die Montage eines Bauteils verlangt wird, ist dies nicht ohne zusätzliche Anbauten möglich (vgl. Ullrich, 2013, S. 25). Es wird aus diesem Grund als Voraussetzung verstanden, dass vom FTS entweder keine hochpräzisen Positionierungen im Bereich von Zehntelmillimetern verlangt wird, oder dass dafür in die notwendigen Rahmenbedingungen investiert wird. Letzteres ist eher für grosse Mengen wie beispielsweise in der Serienproduktion geeignet.

4.1.5 FTS umfährt Hindernisse nicht autonom

Wenn ein Transportweg von einer Gruppe von Mitarbeitenden oder von Paletten versperrt ist, kann ein FTS das Hindernis zum heutigen Zeitpunkt noch nicht autonom umfahren (vgl. Ullrich, 2013, S. 20). Entsprechend wird vorausgesetzt, dass die vorgesehenen Transportwege jeweils nur vorübergehend zugestellt oder alternative Wege vorhanden sind.

4.1.6 Gute Paletten und ebener Fussboden vorausgesetzt

Als Voraussetzung für ein erfolgreich funktionierendes FTS werden, wie in allen Automatikbetrieben, qualitativ gute Paletten benötigt. Ebenfalls muss der Fussboden ausreichend eben sein (vgl. Ullrich, 2013, S. 30).

4.2 Voraussetzung Pioniergeist

4.2.1 Unstetigförderer sind oft nicht automatisiert

Harald Ehrmann bewertet alle Stetigförderer als maschinell betrieben und somit automatisiert. Wie in Kapitel 3.2.1 „Fahrerloses Transportfahrzeug in der Gruppe der Fördermittel" beschrieben, gehören die FTF zu den Unstetigförderer. Diese Gruppe ist nur zu einem Drittel maschinell betrieben und somit grösstenteils nicht automatisiert (vgl. Ehrmann, 2008, S. 219, 220).

4.2.2 Grund für wenig ausgeprägte Automatisierung

Der weniger ausgeprägte Automatisierungsfortschritt der Unstetigförderer kann durch die unterschiedlichen Anwendungsgebiete begründet werden. Stetigförderer werden in der Regel für starre Transportstrecken mit stetigem oder sehr grossem Materialfluss eingesetzt. Unstetigförderer hingegen haben per Definition Transportwege mit unstetigem, also selten bis gelegentlichen Materialflüssen zu befahren, entsprechend ist eine Investition in eine Automatisierung nicht per se naheliegend. Wie in Kapitel 1.1.3 «Keine Absicht zur Automatisierung der Transportwege spürbar» beschrieben, erfährt der Autor dieser Arbeit die Automatisierungsbemühungen vor allem innerhalb eines geschlossenen Lagersystems oder innerhalb von Fertigungszellen. Beide Beispiele sind in sich abgegrenzte Bereiche mit offensichtlich oft wiederkehrenden Bewegungen. Solche werden schnell als automatisierbar erkannt.

4.2.3 Fazit Automatisierung von Unstetigförderern fordert Pioniergeist

Verglichen mit der heutigen FTS-Technologie, also derjenigen der 3. Epoche, ist das obige Pro-Argument stimmig. Doch wie in Kapitel 3.2.2 «Geschichtliche Hintergründe in vier Epochen» erklärt, hat inzwischen die 4. Epoche begonnen, wobei immer autonomere FTS erwartet werden.

Unter Berücksichtigung des immer schwieriger zu prognostizierenden Kundenverhaltens müssen die Materialflusssysteme immer wandelbarer sein, beschreibt Tenerowicz-Wirth. Weiter zeigt er auf, dass mit dem Internet der Dinge die heutigen und morgigen Materialflusssysteme dezentral gesteuert sein werden. Dabei transportieren sowohl die autonomen FTF wie auch die einzelnen Transportgüter Informationen mit sich herum und gelangen so gemeinsam innerbetrieblich direkt an den richtigen Ort (vgl. Tenerowicz-Wirth, 2012, S. 21-27). Unter der Berücksichtigung, dass sich das FTS bereits in der 4. Epoche befindet, ist es legitim, die Automatisierung von sich nicht abgegrenzten Bereichen in Betracht zu ziehen, also selbst dann, wenn sich auf den ersten Blick keine immer genau gleich wiederholenden Bewegungen beobachten lassen. Denn unter dem Gesichtspunkt der 4. Epoche kann das FTS mehr als nur monotone Wege befahren; es kann verschiedenste Transportwege erreichen und immer genau dort unterstützen, wo gerade viel Transportarbeit ansteht.

Die Schwächen der vergangenen 3. Epoche zeigen nicht die Grenzen der heutigen und zukünftigen Lösungen auf. Andererseits sind die Lösungen der 4. Epoche noch nicht abschliessend entwickelt und etabliert. Um also mithilfe von FTS die manuellen Unstetigförderer zu ersetzen oder zu ergänzen, wird vom Unternehmen oder von der Organisation ein gewisser Pioniergeist vorausgesetzt.

4.3   Wirtschaftliche Voraussetzung: Liquidität

Gemäss Ullrich wurden im Jahr 2009 weltweit zirka 120 FTS mit durchschnittlich sechs FTF in Betrieb genommen. Um einen groben Richtwert nennen zu können, schätzt er den durchschnittlichen Anlagenpreis auf 650'000 Euro, also etwas mehr als 100'000 Euro pro FTF. Vergleicht man die Investitionsausgaben beispielsweise mit einem Handhubwagen oder Gegengewichtstapler, ist diese Summe auf den ersten Blick (zu) hoch. Infolge der relativ hohen Investitionsausgaben ist eine Betrachtung der Total Cost of Ownership (TCO) zu empfehlen. Der Kostenvorteil respektive die Rentabilität beim FTS ergibt sich in der Regel erst bei der Betrachtung der niedrigen Betriebskosten und dem Zusatznutzen (vgl. Ullrich, 2013, S. 191, 219).

Zu berücksichtigen sind speziell die niedrigen Wartungs- und Instandhaltungskosten sowie die lange Lebenszeit. Wie im Kapitel 3.3.2 erläutert, führt Ullrich dies auf den gleichmässigen und schonenden Umgang mit der Technik zurück. Im Normalfall sind dafür keine relevanten Liquidationserlöse zu erwarten, weil bislang jedes FTS ein individuelles Projekt war (vgl. Ullrich, 2013, S. 27).

4.3.1   Voraussetzung liquide Mittel & Priorität vom Materialflusssystem

Hohe Investitionskosten setzen Liquidität voraus. Damit die Unternehmung einen langfristigen Kostenvorteil erzielen kann, müssen (1) liquide Mittel vorhanden sein und (2) müssen es die Entscheidungsträger für notwendig und erstrebenswert erachten, diese für die betriebsinternen Materialflusssysteme und dessen Zusatznutzen auszugeben.

4.3.2   Voraussetzung ganzes Materialflusssystem wird betrachtet

Letztendlich muss die Wirtschaftlichkeit sowieso gegeben sein. Dabei gilt es jedoch, insbesondere auch folgenden Zusatznutzen zu beachten.

– Organisierter Materialfluss ist transparent und schafft Ordnung

– Minimierte Angst- und Wartebestände führen zu mehr Platz und weniger WIP

– Reduzierte Personalbindung

– Reduktion der Transportschäden und Fehllieferungen

– Die hochmoderne Logistik signalisiert einen Technologievorsprung und schafft somit intern und bei Kunden ein positives Image und eine Motivationswirkung (vgl. Ullrich, 2013, S. 26, 36).

Gemäss Tenerowicz-Wirth ist bei jedem FTS sowie auch bei andern automatischen Systemen ein hoher Auslastungsgrad anzustreben. Damit kann die vorzügliche Zuverlässigkeit und Leistungsfähigkeit des Systems in vollem Umfang genutzt werden. Die Auslastung eines FTF lässt sich durch einen bereichsübergreifenden Einsatz erhöhen. So kann ein FTF beispielsweise in verschiedenen Kommissionierzonen und im Wareneingang eingesetzt werden und dadurch verschiedenste Arten von Transportfahrten übernehmen (vgl. Tenerowicz-Wirth, 2012, S. 61).

Tenerowicz will neben den Investitions- und Betriebskosten vor allem auch die Merkmale der logistischen Leistungsfähigkeit bewertet haben: Lieferqualität, Lieferzeit, Lieferflexibilität, Lieferfähigkeit, Termintreue und Informationsbereitschaft (vgl. Tenerowicz-Wirth, 2012, S. 31).

Entsprechend gilt die Betrachtung des ganzen Materialflusssystems als Voraussetzung, insbesondere dann, wenn ein FTF beispielsweise in einem kleineren Betrieb oder in einem Betrieb mit weniger Materialbewegung pro Arbeitsplatz eingesetzt werden soll. Wenn in solchen Situationen ein FTF mit einer Tätigkeit noch nicht ausgelastet ist, kann es weitere Tätigkeiten übernehmen. Das FTF ist dann wie ein Springer zu betrachten; es ist immer dort tätig, wo gerade Transportarbeit anfällt. Betrachtet man bei der Einführung eines FTS das ganze Materialflusssystem, so identifiziert man mehr Potenzial, und somit ist die Investition eher lohnenswert.

4.4 Voraussetzung Ressourcen für komplexes Projekt bereitstellen

4.4.1 Der FTS Markt

Ullrich schätzt das europäische Marktvolumen auf 130 Mio. Euro pro Jahr. Mit der aktuellen Entwicklung der Steuerung-, Sensoren und vor allem Computertechnik ist der Markt der automatisierten Materialflusssysteme und somit auch der FTS Markt als wachsend zu betrachten. Zudem legitimiert Ullrich die Frage, warum der Markt nicht bereits grösser sei, denn das FTS ist bereits heute ein wirksames Mittel, um die Intralogistik zu optimieren (vgl. Ullrich, 2013, S. 26, 191). Nachfolgend werden zwei Ansätze aufgezeigt, aus welchen wiederum Voraussetzungen abgeleitet werden, damit eine Investition in ein FTS in Betracht gezogen werden kann.

4.4.2 Fehlende Segmentierung resultiert in passivem Anbieterverhalten

Das heutige FTS Geschäft ist gemäss Ullrich sehr vielseitig, die Anbieter können ihre ganze Ingenieurkunst anwenden und das anspruchsvolle FTS in einer Fülle von Anwenderbranchen verkaufen. Doch aufgrund dieser unendlichen Branchenvielfalt und den eingeschränkten Ressourcen der Anbieter sind die Vertriebsprozesse weitgehend passiv. Das heisst, der Anbieter bearbeitet den Zielmarkt nicht aktiv, sondern reagiert lediglich auf Projektanfragen (vgl. Ullrich, 2013, S. 37, 38). Entsprechend gilt es als Voraussetzung, dass Unternehmungen, welche ein FTS einsetzen könnten, selber auf diese Idee kommen müssen.

4.4.3　Einfaches Produkt- versus komplexes Projektgeschäft

Das FTS kann zwar in fast jedem industriellen Umfeld eingesetzt werden. Ullrich legt jedoch dar, dass für die optimale Adaption an das Umfeld die Umgebung immer zuerst sehr genau analysiert werden muss. Dabei müssen diverse technische und organisatorische Schnittstellen berücksichtigt werden. Beispiele sind Modifikationen am Gebäude, den Lageranlagen, den Warenflüssen und Pufferzonen. Weiter muss die Schnittstelle zum W-LAN gebaut werden. Es benötigt Ladestationen und eventuell müssen Produktionsmaschinen angepasst werden etc. Das Projekt befasst sich letztendlich mit viel mehr, als nur mit der reinen FTS Technik. Dieses Ausmass an Komplexität wird im Vorfeld oft unterschätzt (vgl. Ullrich, 2013, S. 163, 209, 210).

Man hat sich zwar schon Gedanken darüber gemacht, wie die Komplexität bei der Einführung zu reduzieren bzw. eine FTF-Baureihe als ein Produkt zu entwickeln und zu vermarkten sei. Die Schwierigkeit zum heutigen Stand ist jedoch, dass es kaum zwei gleiche Anlagen gibt, und jedes FTS Projekt sich als einzigartig darstellt. Bis heute wurden alle FTS im Rahmen eines Projekts entwickelt und eingeführt. Es hat noch niemand geschafft, die automatischen Fahrzeuge als Produkt zu verkaufen (vgl. Ullrich, 2013, S. 192, 209, 210).

Somit kann festgehalten werden, dass das FTS in ein Gesamtkonzept eingebettet werden muss – und genau das macht das Projekt derart komplex und anspruchsvoll. Oft führt dieses Dilemma zwischen Komplexität und mangelnden Ressourcen dazu, letztendlich doch konventionelle manuelle Förderzeuge zu kaufen, statt die eigentlich sinnvolle FTS Lösung zu realisieren. Damit die Chance zur Effektivitätssteigerung mithilfe von FTS also nicht vertan wird, gilt es als Voraussetzung, für die FTS Einführung von Anfang an eine Projektorganisation zu definieren und genügend Ressourcen und Budget zur Verfügung zu stellen.

4.4.4　Fazit für FTS Einführung ist komplexes Projekt gefordert

Zusammenfassend kann festgehalten werden, dass die Anbieter den branchenübergreifenden Gesamtmarkt nicht in homogene Teilmärkte segmentieren und somit auch kein zielmarktorientiertes Marketing respektive kein Bearbeiten eines Teilmarkts betreiben können. Ebenfalls wird es darum schwierig, ein FTS zu entwickeln, welches als Produkt verkauft werden kann. Somit wird vom potenziellen FTS Käufer und Anwender neben den Ressourcen für ein Projekt auch die aktive Rolle bei der Initialisierung vorausgesetzt. FTS Interessenten müssen also den ersten Schritt machen und ein Projekt ausschreiben und/oder einen FTS Hersteller konsultieren.

5   Fazit

Das Kapitel 4 «Praktische Problembearbeitung» zeigt auf, dass eine Investition in ein FTS neben einem ebenen Boden gute Paletten voraussetzt sowie dass die Transportwege nicht dauerhaft zugestellt sind. Ebenfalls wird vorausgesetzt, dass der Transport der Waren hauptsächlich im Innern eines Gebäudes stattfindet; reine Outdoor-Anwendungen sind unter anderem wegen den Wettereinflüssen problematisch. Weiter wird vorausgesetzt, dass das FTS nicht zur hochpräzisen Positionierung bestimmt ist und nicht in Kontakt mit ungeschultem Personal wie beispielsweise mit Kindern kommt. Sollte dies angedacht sein, sind spezielle Anbauten und zusätzliche Investitionen nötig.

Auch wird ein gewisser Pioniergeist vorausgesetzt, um im Bereich der unstetigen Fördertechnik ein FTS aufzubauen und einzusetzen, denn das heutige FTS befindet sich im Wandel der 4. Epoche und es sind noch nicht alle künftig zu erwartenden Möglichkeiten entwickelt worden.

Verglichen mit Substitutionsgütern wie beispielsweise einem Stapler sind die anfänglichen Investitionsausgaben relativ hoch. Somit wird vorausgesetzt, dass das Unternehmen gewillt ist, in die Optimierung von Materialflusssystemen zu investieren und überhaupt über die nötige Liquidität verfügt. Damit eine Investition in ein FTS in Betracht gezogen werden kann, braucht es ausserdem die Bereitschaft und die Freigabe der Ressourcen für ein komplexes Projekt. Ein FTS kann nur als Projekt realisiert, nicht aber als Produkt gekauft werden.

Falls ein interessierter zukünftiger FTS Anwender die obigen Voraussetzungen erfüllt, tut er also gut daran, von Anfang an den ganzen Materialfluss zu betrachten. Es ist zu empfehlen, im Vorfeld möglichst viele FTS Anwendungen zu definieren und deren Nutzen zu bewerten. Anschliessend kann die Wirtschaftlichkeit errechnet werden. Sollte diese sich als lohnenswert zeigen, wird empfohlen, mehrere FTS Anbieter zu konsultieren und von Anfang an eine Projektorganisation mit genügend Ressourcen bereit zu stellen.

Literaturverzeichnis

Direct Industry. (2017). Direct Industry. Abgerufen am 26. 06 2017 von
http://www.directindustry.de/prod/clark-material-handling/product-14111-
1778901.html

Ehrmann, H. (2008). Logistik: Kompendium der praktischen Betriebswirtschaft (6.,
überarbeitete und aktualisierte Ausg.). Ludwigshafen (Rhein): Friedrich Kiehl
Verlag.

Fischer, W., & Dittrich, L. (2013). Materialfluß und Logistik: Potentiale vom Konzept bis
zur Detailauslegung (2., erweiterte Ausg.). Sindelfingen: Springer Verlag.

Swisslog AG. (2017). Swisslog. Abgerufen am 27. 08 2017 von
http://www.swisslog.com/de/Products/WDS/Automated-Guided-Vehicles

Tenerowicz-Wirth, P. (2012). Kommunikationskonzept für selbststeuernde
Fahrzeugkollektive in der Intralogistik. Univärsität München: fml – Lehrstuhl für
Fördertechnik Materialfluss Logistik.

Ullrich, G. (März 2005). Die Wirtschaftlichkeit des FTS und seiner Konkurrenten. Voerde.
Abgerufen am 18. Juni 2017 von fts-kompetenz.de: http://www.fts-
kompetenz.de/images/stories/downloads/veroeffentlichung/UL_44-W.pdf

Ullrich, G. (2013). Fahrerlose Transportsysteme: Eine Fibel - mit Praxisanwendungen -
zur Technik - für die Planung (2., überarbeitete und erweiterte Ausg.). Voerde:
Springer Vieweg.